BEI GRIN MACHT SICH IHR WISSEN BEZAHLT

- Wir veröffentlichen Ihre Hausarbeit, Bachelor- und Masterarbeit

- Ihr eigenes eBook und Buch - weltweit in allen wichtigen Shops

- Verdienen Sie an jedem Verkauf

Jetzt bei www.GRIN.com hochladen und kostenlos publizieren

Bibliografische Information der Deutschen Nationalbibliothek:

Die Deutsche Bibliothek verzeichnet diese Publikation in der Deutschen National-
bibliografie; detaillierte bibliografische Daten sind im Internet über http://dnb.d-
nb.de/ abrufbar.

Dieses Werk sowie alle darin enthaltenen einzelnen Beiträge und Abbildungen
sind urheberrechtlich geschützt. Jede Verwertung, die nicht ausdrücklich vom
Urheberrechtsschutz zugelassen ist, bedarf der vorherigen Zustimmung des Verla-
ges. Das gilt insbesondere für Vervielfältigungen, Bearbeitungen, Übersetzungen,
Mikroverfilmungen, Auswertungen durch Datenbanken und für die Einspeicherung
und Verarbeitung in elektronische Systeme. Alle Rechte, auch die des auszugsweisen
Nachdrucks, der fotomechanischen Wiedergabe (einschließlich Mikrokopie) sowie
der Auswertung durch Datenbanken oder ähnliche Einrichtungen, vorbehalten.

Impressum:

Copyright © 2017 GRIN Verlag
Druck und Bindung: Books on Demand GmbH, Norderstedt Germany
ISBN: 9783668848399

Dieses Buch bei GRIN:

https://www.grin.com/document/439606

Aaron Berman

Separierte und eigentliche Morphismen

GRIN Verlag

GRIN - Your knowledge has value

Der GRIN Verlag publiziert seit 1998 wissenschaftliche Arbeiten von Studenten, Hochschullehrern und anderen Akademikern als eBook und gedrucktes Buch. Die Verlagswebsite www.grin.com ist die ideale Plattform zur Veröffentlichung von Hausarbeiten, Abschlussarbeiten, wissenschaftlichen Aufsätzen, Dissertationen und Fachbüchern.

Besuchen Sie uns im Internet:

http://www.grin.com/

http://www.facebook.com/grincom

http://www.twitter.com/grin_com

Hausarbeit

Separierte und eigentliche Morphismen

Aaron Berman

30.12.2017

Fakultät für Mathematik

Universität Wien

Hausarbeit: Separierte und eigentliche Morphismen von Aaron Berman

Inhaltsverzeichnis

1	Vorwort	3
2	**Abgeschlossene und offene Immersionen**	3
3	**Separierte Morphismen**	7
4	**Eigentliche Morphismen**	11

Hausarbeit: Separierte und eigentliche Morphismen von Aaron Berman

1 Vorwort

Die folgende Ausarbeitung dient als Beginn einer Auseinandersetzung mit separierten und eigentlichen Morphismen. Im ersten Teil definiere ich den Begriff der 'abgeschlossenen und offenen Immersion', diskutiere Beispiele, um anschließend auf den Begriff des 'separierten Morphismus' einzugehen, um mit einer Diskussion des Begriffs 'eigentlicher Morphismus' abzuschließen. Neben der durchgehenden Untersuchung, inwiefern die diskutierten Begriff stabil sind unter Basiswechsel und Komposition, zeige ich auf, dass der schematatheoretische Separiertheitsbegriff ähnliche Konsequenzen wie in der Topologie hat und erörtere das Verhältnis von Immersion und separierter/eigentlicher Morphismus. Des Weiteren untersuche ich das Verhältnis zwischen affinen und projektiven Morphismen und den hier behandelten Begriffen.

2 Abgeschlossene und offene Immersionen

Definition 2.1. *1. Sei $f : X \to Y$ ein Morphismus von Schemata. f heiße **offene Immersion**, falls es eine offene Teilmenge $U \subset Y$ und einen Isomorphismus*

$$f^* : (X, \mathcal{O}_X) \to (U, \mathcal{O}_{Y|U})$$

gibt, so dass für $i : (U, \mathcal{O}_{Y|U}) \to (Y, \mathcal{O}_Y)$ gilt, dass

$$f = i \circ f^*$$

2. *f heiße **abgeschlossene Immersion**, falls folgende Bedingungen erfüllt sind:*

    a) *Es gibt eine abgeschlossene Teilmenge $Z \subset Y$, so dass $f : X \to Z$ ein Homöomorphismus ist.*

    b) *Der Garbenmorphismus $f^\# : (\mathcal{O}_Y) \to f_*\mathcal{O}_X$ ist surjektiv, also kann X mit einer abgeschlossenen Teilmenge von Z identifiziert werden, so dass jede reguläre Funktion auf X lokal auf Z fortgesetzt werden kann.*

Hausarbeit: Separierte und eigentliche Morphismen von Aaron Berman

3. f heiße **Immersion**, oder **lokal geschlossene Immersion**, falls
$$f = X \xrightarrow{i} Z \xrightarrow{j} Y,$$
wobei i eine abgeschlossene Immersion und j eine offene ist.

Satz 2.2. *Sei A ein Ring, $Y = \mathrm{Spec}\,A$ und $g \in A$. Dann ist der von*
$$j : A \to A_g$$
induzierte Schematamorphismus
$$f : Spec A_g \to Spec A$$
eine offene Immersion.

Beweis. Ich werde zeigen, dass $Spec A_g$ isomorph ist zum offenen Unterschema $(D(g), \mathcal{O}_{Spec(A)|D(g)})$. Es sei $Y = Spec(A_g)$ und $j : A \to A_g$ der kanonische Ringhomomorphismus. Betrachtet man die durch j induzierte stetige Abbildung
$$Spec A_g \to Spec A$$
$$\mathfrak{p} \mapsto j^{-1}(\mathfrak{p}),$$
so stellt man leicht fest, dass diese eine Bijektion induziert:
$$i : Spec A_g \to D(g)$$
Ist nun $a \subset A_g$ ein Ideal, dann ist
$$i(V(a)) = V(j^{-1}) \cap D(g)$$
und somit bildet i abgeschlossene Mengen auf abgeschlossene Mengen ab und ist damit ein Homöomorphismus. □

Satz 2.3. *Es sei A ein Ring und $a \subset A$ ein Ideal in A. Der durch*
$$\phi : A \to A/a$$
induzierte Schematamorphismus
$$f : Spec A/a \to Spec A$$
ist eine geschlossene Immersion.

Hausarbeit: Separierte und eigentliche Morphismen von Aaron Berman

Beweis. Die stetige Abbildung $f: SpecA/a \to SpecA$ ist gegeben durch $p \mapsto \phi^{-1}(p)$. Ich behaupte, dass diese Abbildung einen Homöomorphismus

$$SpecA/a \to V(a)$$

induziert wird.
Das sieht man wie folgt ein. Einerseits gilt für jedes Primideal $p \subset A/a$, dass $a \subset \phi^{-1}(p)$ und somit $\phi^{-1}(p) \in V(a) \subset SpecA$. Andererseits existiert für jedes Primideal $q \subset A$ mit $a \subset q$ ein Primideal $p \subset A/a$ mit $\phi^{-1}(p) = q$, nämlich $p = \phi(q)$.
Somit induziert f eine bijektive stetige Abbildung

$$SpecA/a \to V(a),$$

welche Homoörmorphismus ist. Für jedes Ideal $b \subset A/a$ wird nämlich $V(b)$ in Spec A/a durch f auf $V(\phi^{-1}(b))$ abgebildet, und damit geschlossene Mengen auf geschlossene.
Um die zweite definierende Bedingung nachzuweisen betrachten wir den Garbenmorphismus

$$f^\# : (\mathcal{O}_{SpecA}) \to f_*\mathcal{O}_{SpecA/a}$$

Auf offenen Teilmengen $U \subset SpecA \: V(a)$ ist $f^{-1}(U) = \emptyset$, und damit ist $f^\#_{\cdot j}$ surjektiv und damit für alle $q \in SpecA \: V(a)$ die Halmabbildung $f^\#_q$ ebenfalls. Sei nun andererseits $q \in V(a)$. Dann gibt es ein Primideal $p \subset A/a$ für das gilt: $\phi^{-1}(p) = q$. Die Halmabbildung $f^\#_q$ ist dann gegeben durch:

$$f^\#_q : \mathcal{O}_{SpecA} = A_{\phi^{-1}(p)} \to (A/a)_p = \mathcal{O}_{SpecA/a,p},$$

$$a/f \mapsto \phi(a)/\phi(f).$$

Aus der Surjektivität von ϕ folgt nun die Surjektivität von $f^\#_q$.
Definitionsgemäß ist also in beiden Fällen $f^\#$ surjektiv, und es folgt die Behauptung. □

Satz 2.4. *(Abgeschlossene, offene) Immersionen sind stabil unter Komposition.*

Beweis. 1. Der Fall der offenen Immersion ist klar: Offene Unterräume offener Unterräume sind offene Unterräume

2. Um den Satz für abgeschlossene Immersionen zu zeigen, nehme an, $\phi : Z \to Y$ und $\psi : Y \to X$ seien abgeschlossene Immersionen von Schemata. Somit sind ϕ und ψ Homeomorphismen auf abgeschlossene Teilmengen und somit $\alpha = \psi \circ \phi$ ebenfalls. Des Weiteren ist $\mathcal{O}_X \to \alpha_* \mathcal{O}_Z$ surjektiv, da diese Abbildung nicht mehr ist als:

$$\mathcal{O}_X \to \psi_* \mathcal{O}_Y \to \psi_* \phi_* \mathcal{O}_Z$$

3. Für den Fall der Immersion, nehme an, dass $\phi : Z \to Y$ und $\psi : Y \to X$ Immersionen von Schemata seien. Also gibt es offene Unterschemata $V \subset Y$ und $U \subset X$, so dass $\phi(Z) \subset V$ und $\psi(Y) \subset U$ und $\phi : Z \to V$ und $psi : Y \to U$ abgeschlossene Immersionen sind. Nun ist Topologie auf Y jedoch induziert von der Topologie auf Z und somit können wir ein offenes $U' \subset U$ finden, so dass V = $\psi^{-1}(U')$. Dann ist aber $Z \to V = \psi^{-1}(U') \to U'$ eine Komposition abgeschlossener Immersionen und damit ebenfalls eine abgeschlossene Immersion. Es folgt: $Z \to X$ ist eine Immersion und damit die Behauptung. $\square$

Satz 2.5. *Offene Immersionen sind stabil unter Basiswechsel.*

Beweis. Es sei $i : X \to Y$ eine offene Immersion. Betrachte für $g : Y' \to Y$ das Diagramm

$$\begin{array}{ccc} X \times_Y Y' & \longrightarrow & Y' \\ \downarrow & & \downarrow \\ X & \longrightarrow & Y \end{array}$$

Da i eine offene Immersion ist, ist $X \simeq V$ für eine offene Teilmenge $V \subset Y$. Es folgt:

$$X \times_Y Y' \simeq X \times_V g^{-1}(V) \simeq^{X \simeq V} g^{-1}(V) \subset Y',$$

also folgt die Behauptung. $\square$

Hausarbeit: Separierte und eigentliche Morphismen von Aaron Berman

3 Separierte Morphismen

Definition 3.1. *Sei T ein topologischer Raum. T ist genau dann hausdorffsch, wenn das Bild der Diagonalabbildung*

$$\Delta : T \to T \times T$$
$$x \mapsto (x, x)$$

eine abgeschlossene Teilmenge von $T \times T$ ist.

Eine ähnliche Bedingung kann für Schemata definiert werden:

Definition 3.2. *Es sei $f : X \to Y$ ein Morphismus von Schemata.*

1. *Die Diagonalabbildung zu f ist definiert als der eindeutige Morphismus*

   $$\Delta_f : X \to X \times_Y X,$$

   welcher folgendes Diagramm kommutieren lässt:

   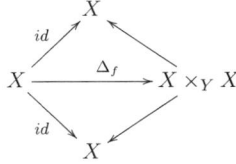

2. *Der Morphismus f heiße* **separiert**, *falls Δ_f eine abgeschlossene Immersion ist. In diesem Fall sagt man, X ist separiert über Y*

3. *Ein Schema X heiße* **separiert**, *falls der eindeutige Morphismus $X \to \mathrm{Spec}\mathbb{Z}$ separiert ist.*

Bemerkung 3.1.   1. *Die Existenz und eindeutig von Δ_f folgt aus der universellen Eigenschaft des Faserprodukts.*

2. *Ein separiertes Schema muss nicht Hausdorffsch sein als topologischer Raum. Das liegt darin begründet, dass der topologische Raum des Schemas $X \times_{\mathrm{Spec}\mathbb{Z}} X$ im Allgemeinen nicht das Produkt des topologischen Raumex X mit sich selbst ist.*

Hausarbeit: Separierte und eigentliche Morphismen von Aaron Berman

Satz 3.3. *Morphismen zwischen affinen Schemata sind separiert. Insbesondere ist also jedes affine Schema separiert.*

Beweis. Sei $f : SpecB \to SpecA$ als Morphismus affiner Schemata induziert durch die Ringabbildung $\phi : A \to B$.
Die Diagonalabbildung $\Delta_f : SpecB \to SpecB \times_{SpecA} SpecB \simeq SpecB \otimes_A B$ wird dann induziert vom Ringhomomorphismus

$$\psi : B \otimes_A B \to B,$$

$$\sum_i a_i(b_i \otimes c_i) \mapsto \sum_i \phi(a_i)b_i c_i,$$

also durch die lineare Fortsetzung von $b_i \otimes c_j \mapsto b_i c_j$. Dieser ist surjektiv und Δ_f nichts anderes als die abgeschlossene Immersion, die zum Ideal Kern(ψ) zugehörig ist.
$\square$

Beispiel 3.1. *Es sei k ein Körper und X die affine Gerade über k mit doppeltem Nullpunkt. Dann ist X nicht separiert über k! Das Faserprodukt $X \times_{SpecK} X$ ist dann die affine Ebene mit verdoppelten Koordinatenachsen und vierfachem Nullpunkt. Das Bild der Diagonalabbildung enthält aber nur zwei dieser Nullpunkte. Also ist es nicht abgeschlossen.*

Satz 3.4. *Sei $f : X \to Y$ ein beliebiger Morphismus. Dann ist $\Delta : X \to X \times_Y X$ immer eine Immersion. Das heißt*

$$\Delta : X \xrightarrow{i} W \xrightarrow{j} X \times_S X$$

wobei j eine offene und i eine abgeschlossene Immersion ist.

Beweis. Für jeden Punkt $x \in X$ gilt: x hat eine affine offene Umgebung $U \subset X$, für die f(U) in einer affin offenen Umgebung $V \subset Y$ von f(x) enthalten ist. Dann ist $U \times_V U \subset X \times_Y X$ eine affin offene Umgebung von $\Delta(x)$ und

$$\Delta_{|U} : U \to U \times_V U$$

ist als Morphismen zwischen affinen Schemata eine abgeschlossene Immersion. Außerdem ist die Vereinigung W der Mengen $U \times_V U$ für alle $x \in X$ offen in $X \times_Y X$ und somit erhalten wir eine Faktorisierung

$$\Delta : X \xrightarrow{i} W \xrightarrow{j} X \times_S X$$

Hausarbeit: Separierte und eigentliche Morphismen von Aaron Berman

Weil $\Delta^{-1}(U \times_V U) = U$ ist, ist i eine abgeschlossene Immersion. Somit folgt die Behauptung. □

Satz 3.5. *Ein Morphismus $f : X \to Y$ ist genau dann separiert, wenn die Menge $\Delta(X) \subset X \times_Y X$ eine abgeschlossene Teilmenge ist.*

Beweis. Aus der Definition folgt unmittelbar, dass eine Immersion $i : Z \to X$ ist genau dann abgeschlossen, wenn i(Z) abgeschlossen in X ist. □

Satz 3.6. *1. Sei f eine offene oder abgeschlossene Immersion dann ist f auch separiert*

2. Separiertheit ist stabil unter Komposition

3. Separiertheit ist stabil unter Basiswechsel

4. Separiertheit ist stabil unter Faserprodukt

Beweis. 1. $\Delta_{X/Y} : X \to X \times_Y X$ ist ein Isomorphismus, falls $X \to Y$ eine abgeschlossene oder offene Immersion ist. Im offenen Fall sieht man dies wie folgt ein: Falls $U \subset Y$ offfen ist, dann ist $U \times_Y U = U \cap U = U$. Für abgeschlossene Immersionen folgt die Behauptung, da für Ringideale $\mathbf{a} \subset R$ gilt: $R/\mathbf{a} \otimes_R R/\mathbf{a} \cong R/\mathbf{a}$.

2. Für Morphismen der Form $X \xrightarrow{f} Y \xrightarrow{g} Z$ faktorisiert die Diagonale $\Delta_{X/Z} : X \to X \times_Z X$ wie folgt:

$$X \xrightarrow{\Delta_{X/Z}} X \times_Y X = X \times_Y Y \times_Y X \xrightarrow{\alpha} X \times_Y (Y \times_Z Y \times_Y) \times_Y X = X \times_Z X,$$

wobei α aus der Funktorialität des Faserprodukts erhalten wird. Die Behauptung folgt nun, da abgeschlossene Immersionen stabil sind unter Basiswechsel und Komposition. Sind nämlich $X \xrightarrow{f} Y \xrightarrow{g} Z$ beide separiert, so sind $\Delta_{X/Y}$ und $\Delta_{Y/Z}$ abgeschlossene Immersionen, also auch α, also auch $\Delta_{X/Z} = \alpha \Delta_{X/Y}$. Das heißt: auch gf ist separiert.

3. Sei nun $X \to Z$ separiert und $Y' \to Y$ ein Morphismus. Zu zeigen ist, dass der Basiswechsel

$$X' = X \times_Y Y' \to Y'$$

separiert ist. $\Delta_{X'/Y'}$ lässt sich jedoch identifizieren mit dem Morphismus

$$\Delta_{X/Y} \times id_{Y'} : X \times_Y Y' \to (X \times_Y Y) \times_Y Y' = (Y \times_Y Y') \times_{Y'} (X \times_Y Y)$$

und dieser ist nach eine abgeschlossene Immersion.

4. Seien $X \to Z$ und $Y \to Z$ separiert. Es ist zu zeigen, dass $X \times_Z Y \to Z$ ebenfalls separiert ist. $X \times_Z Y \to Z$ jedoch ist die Komposition

$$X \times_Z Y \to Y \to Z$$

und somit folgt die Behauptung aus der Stabilität des Separiertseins unter Komposition und Basiswechsel.

$\square$

Lemma 3.7. *Ein Schemata S ist genau dann separiert, wenn S eine affine Überdeckung $S = \cup U_i$ besitzt, so dass $U_i \cap U_j$ ebenfalls affin ist und*

$$\mathcal{O}(U_i) \otimes \mathcal{O}(U_j) \to \mathcal{O}(U_i \cap U_j)$$

surjektiv ist.

Beweis. Siehe etwa Prop. 3.6 in Lius Algebraic Geometry and Arithmetic Curves $\square$

Satz 3.8. *Jeder projektive Morphismus ist separiert.*

Beweis. Wähle für $\mathbb{P}^n$ die Standardüberdeckung $\mathbb{P}^n = \cup D_+(x_i)$. Dann bleibt nach dem Lemma nur noch zu zeigen, dass

$$k[\frac{x_1}{x_i},...\frac{x_n}{x_i}] \otimes k[\frac{x_0}{x_j},...,\frac{x_n}{x_j}] \to k[x_0,...,x_n]_{x_i x_j}$$

surjektiv ist, aber das ist klar. $\square$

Der nächste Satz zeigt, dass der Separiertheitsbegriff ähnliche Konseqenzen wie in der Topologie hat:

Satz 3.9. *Sei S ein Schema, X ein reduziertes S-Schema und Y ein separiertes S-Schema. Seien $f, g : X \to Y$ zwei Morphismen, die auf einer dichten offenen Teilmenge $U \subset X$ übereinstimmen, dann ist $f = g$.*

Hausarbeit: Separierte und eigentliche Morphismen von Aaron Berman

Beweis. Sei $\Delta = \Delta_{Y/S} : Y \to Y \times_S Y$ und sei h=(f,g)$:X \to X \times_S Y$. Dann ist (f,f)=$\Delta \circ f : X \to Y \times_S Y$. Nach Voraussetzung ist $h_{|U} = \Delta \circ f_{|U}$ und somit $U \subset h^{-1}(\Delta(Y))$. Weil Y separiert über S ist, ist $\Delta(Y)$ abgeschlossen. Außerdem ist U dicht in X und somit folgt $h(X) \subset \Delta(Y)$. Es ist $pr_1 f = pr_2 g$ und somit gilt für alle $x \in X$: f(x)=g(x). Dies zeigt die Gleichheit der zugrunde liegenden stetigen Abbildungen. Es bleibt nun noch zu zeigen, dass f = g auch als Morphismen. Ohne Einschränkung sei X = Spec(A) und Y=Spec(B) affin (gegebenenfalls Übergang zu affiner Überdeckung). Seien $\phi, \psi : B \to A$ die zu f und g korrespondierenden Ringhomomorphismen. Sei $b \in B$ und a = $\phi(b) - \psi(b)$. Dann ist $a|_U = 0$ in $\mathcal{O}_X$, also $a \in \mathfrak{p}$ für alle $\mathfrak{p} \in U$, also $U \subset V(a)$. Da nun U dicht in X liegt, folgt V(a) = Spec(A) und damit $a \in Rad(A)$. A ist reduziert nach Voraussetzung, also folgt a = 0, also $\phi(a) = \psi(a)$. Da b beliebig war, folgt die Behauptung. $\square$

4 Eigentliche Morphismen

Definition 4.1. *1. Ein Schemata-Morphismus $f : X \to Y$ heißt **abgeschlossen**, wenn für alle abgeschlossenen $A \subset X$ auch f(A) abgeschlossen in Y ist.*

2. *$f : X \to Y$ heißt **universell abgeschlossen**, falls für jedes Y-Schema Y' der Basiswechsel $f_{Y'} : X \times_Y Y' \to Y'$ abgeschlossen ist. ...*

Definition 4.2. *Ein Morphismus $f : X \to Y$ von Schemata heißt von **endlichem Typ**, falls Y eine Überdeckung von affinen, offenen Unterschemata $V_i = SpecA_i$ hat, so dass $f^{-1}(V_i)$ eine endliche Überdeckung affiner offener Unterschemata $U_{ij} = SpecB_{ij}$ hat, wobei B_{ij} eine A_i-Algebra endlichen Typs ist.*

Lemma 4.3. *Abgeschlossene Immersionen sind von endlichem Typ.*

Lemma 4.4. *Von (lokal) endlichem Typ sein ist stabil unter Komposition und Basiswechsel*

Beweis. Für Ringhomomorphismen

$$A \to B \to C$$

ist C von endlichem Typ über A, falls dies für B/A und C/B gilt. Außerdem ist die Komposition von quasi-kompakten Morphismen offenbar quasi-kompakt.

Hausarbeit: Separierte und eigentliche Morphismen von Aaron Berman

Es folgt die Stabilität unter Komposition.

Für die Stabilität von 'lokal von endlichem Typ' betrachte die Tatsache, dass für $A \to B$ von endlichem Typ und beliebiges $A \to A'$ offensichtlich auch $A' \to B \otimes_A A'$ von endlichem Typ ist. Aus folgendem Lemma folgt der Rest der Behauptung:

$\square$

Lemma 4.5. *Ist $f : X \to Y$ ein quasi-kompakter Morphismus von Schemata, so ist für jeden Morphismus $g : Y' \to Y$ auch der Basiswechsel $f' : X \times_Y Y' \to Y'$ von f mit g quasi-kompakt.*

Beweis. Sei $y' \in Y', y \in Y$ das Bild von y', $V \subset Y$ eine offene affine Umgebung von y und $V' \subset Y'$ eine offene affine Umgebung von y' mit $g(V') \subset V$. Es genügt zu zegen, dass $(f'^{-1})(V')$, also sei ohne Einschränkung Y und Y' affin. Dann ist X eine endliche Vereinigung von offenen affinen Mengen $X_1, ..., X_n$ und $X \times_Y Y'$ die endliche Vereiniung der affinen Mengen $X_i \times_Y Y'$. Es folgt die Behauptung.

$\square$

Lemma 4.6. *'Universell abgeschlossen' ist stabil unter Komposition*

Definition 4.7. *Ein Morphismus $f : X \to Y$ von Schemata heißt **eigentlich**, falls f von endlichem Typ, separiert und universell abgeschlossen ist.*

Satz 4.8. *1. Abgeschlossene Immersionen sind eigentlich*

2. Eigentliche Morphismen sind stabil unter Komposition und Basiswechsel

Beweis. 1. Abgeschlossene Immersionen sind von endlichem Typ, also separiert. Des Weiteren sind abgeschlossene Immersionen stabil unter Basiswechsel und abgeschlossen, also sind abgeschlossene Immersionen auch universell abgeschlossen.

2. a) Die Eigenschaften von endlichem Typ zu sein, Separiertheit und universell abgeschlossen sind stabil unter Komposition

   b) Von endlichem Typ zu sein und Separiertheit sind stabil unter Basiswechsel. Gleiches gilt definitionsgemäß für die Eigenschaft universell abgeschlossen!

$\square$

Hausarbeit: Separierte und eigentliche Morphismen von Aaron Berman

Beispiel 4.1. *Sei k ein Körper. Das Schema $\mathbb{A}_k^1$ ist nicht eigentlich über $Spec$ k. Zwar ist $\mathbb{A}_k^1$ offensichtlich von endlichem Typ über k und als affines Schema auch separiert über k, jedoch nicht universell abgeschlossen. Betrachte den Basiswechsel*
$$p_s : \mathbb{A}_k^2 \cong \mathbb{A}_k^1 \times_{Speck} \mathbb{A}_k^1 \to \mathbb{A}_k^1$$
von
$$\mathbb{A}_k^1 \to Speck.$$
Der induzierte Ringhomomorphismus ist die Einbettung
$$\phi : k[y] \to k[x,y].$$

Betrachtet man $V((xy\text{-}1)) \subset \mathbb{A}_k^2$, dann ist für jedes $0 \neq b \in k$ das Ideal $(x - b^{-1}, y - b) \in V((xy - 1))$ und es ist $(y\text{-}b)=\phi^{-1}((x - b^{-1}, y - b))$, also ist das Primideal $(y\text{-}b) \subset k[y]$ im Bild $p_2(V((xy - 1)))$. Gleichzeitig gibt es kein Primideal $\mathfrak{p} \subset k[x,y]$ mit $(xy\text{-}1) \subset \mathfrak{p}$ und $y \in \phi^{-1}(\mathfrak{p})$ (ein solches würde die 1 enthalten). Also ist (y) nicht in $p_2(V((xy - 1)))$. Bekanntlich sind die Zariski-abgeschlossenen Teilmengen der affinen Grade gerade die endlichen Mengen abgeschlossener Punkte, sowie die leere Menge und sie selbst. Daher kann für einen unendlichen Körper k die Menge $p_2(V((xy - 1)))$ nicht abgeschlossen sein und somit $\mathbb{A}_k^1 \to Speck$ nicht abgeschlossen. Für k endlich, ist $\mathbb{A}_k^1 \to Speck$ zumindest nicht universell abgeschlossen.

Beispiel 4.2. *Ein fundamentales Beispiel für einen eigentlichen Morphismus sind projektive Morphismen, was ich an dieser Stelle gerne skizzieren würde. Sei $f : x \to S$ ein projektiver Morphismus. Dann gibt es eine abgeschlossene Immersion $i : X \to \mathbb{P}_S^n$, so dass folgendes Diagramm kommutiert:*

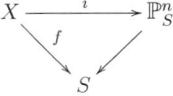

Da abgeschlossene Immersionen eigentlich sind, ist i eigentlich. Außerdem wissen wir, dass eigentliche Morphismen stabil unter Komposition sind, also genügt es zu zeigen, dass $\mathbb{P}_S^n \to S$ eigentlich ist. Da eigentliche Morphismen stabil sind unter Basiswechsel, zeige ich, dass $\mathbb{P}_S^n \to Spec(\mathbb{Z})$ eigentlich ist. Nun ist $\mathbb{P}_S^n$ bekanntlich von endlichem Typ und, wie ich in Teil 1 gezeigt habe, auch separiert und zu zeigen bleibt, dass $\mathbb{P}_S^n \to Spec\mathbb{Z}$ universell abgeschlossen

Hausarbeit: Separierte und eigentliche Morphismen von Aaron Berman

ist. Also zeigen wir für jedes Schema S, dass $\pi : \mathbb{P}^n_S \to S$ abgeschlossene Teilmengen auf abgeschlossene Teilmengen abbildet. Für eine offene Überdeckung $S = \cup S_i$, ist $\mathbb{P}^n_S = \cup \mathbb{P}^n_{S_i}$ ebenfalls eine offene Überdeckung. Testen wir die Abgeschlossenheit der Menge lokal, so können wir annehmen, dass $S = SpecA$ affin ist. Dann ist $\mathbb{P}^n_S = \mathbb{P}^n_A$, also jede abgeschlossene Teilmenge der Form $V(\mathfrak{a})$ für ein homogenes Ideal $\mathfrak{a} \subset A[x_0,...,x_n]$. Wir konnten das Problem jetzt bis zu dem Punkt vereinfachen, an dem zu zeigen ist, dass $\pi : \mathbb{P}^n_A \to SpecA = S$ die Menge $V(\mathfrak{a})$ auf eine abgeschlossene Teilmenge von S abbildet. Zu zeigen ist also, dass $S \setminus \pi(V(\mathfrak{a}))$ offen ist. Für ein $s \in S$ betrachte die Faser von π in s, also $\mathbb{P}^n_A \times_S Spec\kappa(s)$, wobei $\kappa(s)$ den Restklassenkörper bezeichne. Es ist

$$p^{-1}(V(\mathfrak{a})) \cap \pi^{-1}(s) = p^{-1}(V(\mathfrak{a})) = V(\mathfrak{a}_s),$$

wobei $\mathfrak{a}_s$ das durch $\mathfrak{a}$ induzierte Ideal im Restklassenkörper bezeichne. Nun gilt: s ist genau dann in $S \setminus \pi(V(\mathfrak{a}))$ enthalten, wenn $V(\mathfrak{a}) \cap \pi^{-1}(s)$ leer ist und somit genau dann wenn $V(\mathfrak{a}_s) = \emptyset = V(x_0,...x_n)$. Dies wiederum ist äquivalent dazu, dass für groß genuges m jedes Polynom von Grad m in $\kappa(s)[x_0,...,x_n]$ in $\mathfrak{a}_s$ enthalten ist.
Offensichtlich ist $(A[x_0,...,x_n]/\mathfrak{a})_m = A[x_0,...,x_n]_m/\mathfrak{a})_m$ und $(\mathfrak{a}_s)_m$ das Bild der natürlichen Abbildung

$$A[x_0,...,x_n] \to \kappa(s)[x_0,...,x_n].$$

Es ist $(\mathfrak{a}_s)_m = \mathfrak{a}_m \otimes_A \kappa(s)$. Weiter oben habe ich bereits gezeigt, dass $s \in S \setminus \pi(V(\mathfrak{a}))$, wenn $\kappa(s)[x_0,...,x_n] = (\mathfrak{a}_s)_m$ ist, also genau dann, wenn

$$B_m \otimes_A \kappa(s) = \mathfrak{a}_m \otimes_A \kappa(s)$$

gilt. Wendet man nun Nakayama auf $(B(\mathfrak{a})_m \otimes_A \mathcal{O}_{S,s}$ an, folgt $(B(\mathfrak{a})_m \otimes_A \mathcal{O}_{S,s} = 0$. Dies ist die Lokalisierung von $(B(\mathfrak{a})_m$ nach allen Elementen aus A, die nicht im zu s gehörigen Primideal liegen. Da $(B(\mathfrak{a})_m$ als A-Modul endlich erzeugt ist, finden wir ein f mit $f(B/\mathfrak{a})_m = 0$ und dann ist $s \in D(f)$. Nun erfüllt jedes Primideal $\mathfrak{p} \in D(f) \subset SpecA$:

$$(B/\mathfrak{a}_m \otimes_A A_\mathfrak{p})) = 0,$$

also gilt auch

$$(B/\mathfrak{a})_m \otimes_A \kappa(\mathfrak{p}) = 0$$

und es folgt, dass $\mathfrak{p} \in S \setminus \pi(V(\mathfrak{a}))$ und damit, dass $S \setminus \pi(V(\mathfrak{a}))$ offen ist und somit die Behauptung.

BEI GRIN MACHT SICH IHR WISSEN BEZAHLT

- Wir veröffentlichen Ihre Hausarbeit, Bachelor- und Masterarbeit

- Ihr eigenes eBook und Buch - weltweit in allen wichtigen Shops

- Verdienen Sie an jedem Verkauf

Jetzt bei www.GRIN.com hochladen und kostenlos publizieren